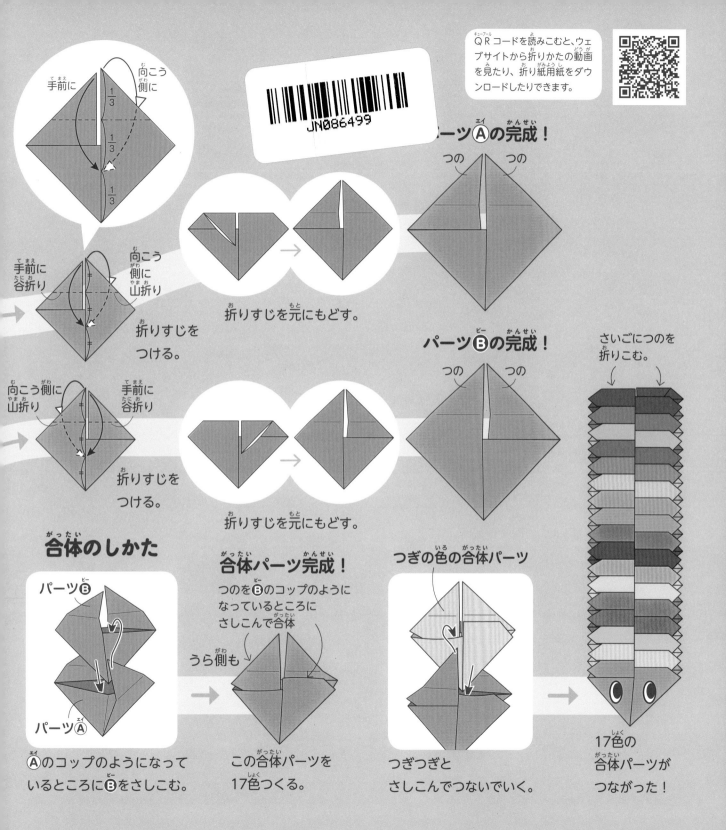

QRコードを読みこむと、ウェブサイトから折りかたの動画を見たり、折り紙用紙をダウンロードしたりできます。

JN086499

手前に　向こう側に　1/3　1/3　1/3

手前に谷折り　向こう側に山折り　折りすじをつける。

折りすじを元にもどす。

パーツAの完成！　つの　つの

向こう側に山折り　手前に谷折り　折りすじをつける。

折りすじを元にもどす。

パーツBの完成！　つの　つの

さいごにつのを折りこむ。

合体のしかた

パーツB　パーツA

AのコップのようになっているところにBをさしこむ。

合体パーツ完成！

つのをBのコップのようになっているところにさしこんで合体

うら側も

この合体パーツを17色つくる。

つぎの色の合体パーツ

つぎつぎとさしこんでつないでいく。

17色の合体パーツがつながった！

SDGsのきほん
エネルギー 目標7

著・稲葉茂勝　監修・渡邉 優
編さん・こどもくらぶ

SDGs基礎知識 ○✕クイズ

Q1 SDGs目標7のテーマは、「クリーンエネルギーをみんなに」である。

Q2 SDGsでいう「エネルギー」とは、「元気のもと」のことである。

Q3 人類にとって、はじめてのエネルギーは水だった。

Q4 SDGs目標7のターゲットには、世界全体のエネルギー効率をよくすることがふくまれている。

Q5 「化石燃料」とは、過去の植物や動物の死がいが変化してできた燃料のことである。

Q6 現在、世界中に電気のない生活をしている人が、およそ1億人いる。

Q7 「再生可能エネルギー」と「自然エネルギー」とは、まったくちがうものである。

Q8 世界でいちばん太陽光発電が普及している国は、日本である。

Q9 世界でいちばん風力発電でエネルギーを得ている国は、中国である。

Q10 日本は化石燃料のほとんどを輸入に頼っている。

答え Q1 ✕ (→p10)　Q2 ✕ (→p11)　Q3 ✕ (→p14)　Q4 ○ (→p26)　Q5 ○ (→p14)　Q6 ✕ (→p18)　Q7 ✕ (→p20)　Q8 ✕ (→p27)　Q9 ○ (→p27)　Q10 ○ (→p17)

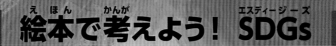
エネルギーツアー

文／きむらゆういち　絵／さとうのぶこ

夕方、ゆうきが本を読んでいたら、おねえちゃんが帰ってきた。
「ゆうき、もう暗いわよ」そういって、壁のスイッチを押して
パッと明かりをつけてくれた。

「あのさ、壁のボタンを押しただけで
部屋が明るくなるって、スゴイことだよね」
ゆうきがそういうと、
「そうなのよ。じつはきょう学校でね、世界には
電気の通っていないところがあることを習ったの。
そうだ、実際にいって見てみようか」

おねえちゃんはひみつのドアから、
ミラクルカプセルカーをひっぱり出した。

そう、ゆうきたちのパパは科学研究所に
つとめているのです。
さっそく2人が乗りこむと、
「パパにはないしょね。
では、しゅっぱーつ！」

プシュー！！ と空高く飛びだした。

へぇー、
世界には電気のない国も
いっぱいあるんだ。

貧しい国は、
発電所をつくる
お金がないわ。

発電所がないと
電気がつくれないから、
いろいろなものを
つくることもできない。

だからよけい
貧しくなるんだね。

ほんとね。
地球がスイカだとすると、
空気のあるところって、
スイカにかぶせたラップのあつみ分
しかないって、聞いたことあるわ。

これじゃ
すぐにこわれちゃうね。

あれっ
空気のあるところって
こんなに少しなの？

空はどこまでも広くって
空気は無限にあると思ってたけど、
こんなにちょっとなんだ。
びっくりした。

ピューーン！

あっ、戦争したりしてて発電所がつくれないっていう国もあるね。

戦争からにげてきた人たちがいっぱいいる。

あそこにも電気がない。

発電所って、どうやって電気をつくってるのかしら。

おねえちゃんがコックピットの画面に「はつでんしょ」と入力！
ミラクルカプセルカーがぐるりと方向転換して発電所に向かった。

わあ、あついよー！どんどん火が燃えてる。

えーっ、ものすごいオナラみたいだな。空の上にいってみようよ〜。

ああやって、化石燃料を燃やして電気をつくっているのよ。

化石を燃やすの！？

でもね、世界中でそれらを燃やしていると、温室効果ガスっていうのが空にのぼって、地球をあたためるんだって。

化石じゃなくて、化石燃料。石炭や石油のことよ。

③

「まって、原子力発電所は事故がこわいのよ。
日本でも、地震と津波で原子力発電所がこわれて、
放射線をまきちらしたことがあるの。」

つかいおわった核燃料から、
放射線が出て人間に害をあたえるんですって。
これをすてるところがないのよ。

どうすればいいか、
考えなくちゃ。

うわあ、
ウンチがたまったままの
トイレみたい。

ピューン

そろそろ晩ごはんが
できたみたいよ。

よし、急いでうちに帰ろう。
バリバリごはん食べないと、
がんばるエネルギーが
出ないもんな。

「うふふ、食べすぎて温室効果ガス出さないでよね」「はーい」（おしまい）

世界地図で見る「電気を

「電気がきていない」「電気をつかえない」という状態を「未電化」といいます。世界には、未電化地域がたくさんあります。未電化人口（電気のない生活をしている人の数）は、2018年時点で、約8.6億人（日本の人口の約7倍）いるといわれています。

未電化人口の多い国ぐに

この世界地図は、国際エネルギー機関（IEA）＊が発表した2018年の「電気が利用できる人の割合」をもとにしてつくったものです。この世界地図から、電気が利用できない人（未電化人口）が多い国もわかります。

こうした「未電化人口」の割合が多い国が、アフリカのサハラ砂漠より南に位置する国ぐにに集中しているのにおどろくのではないでしょうか。

＊安全なエネルギーの確保のために1974年につくられた国際機関。加盟条件はOECDに加盟していること。現在30か国が加盟。

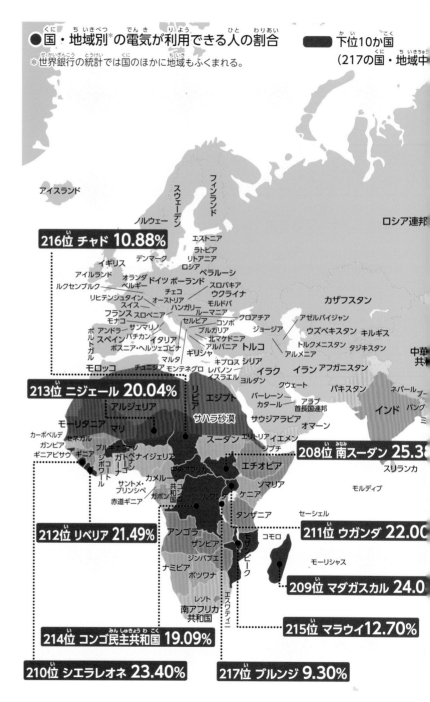

● 国・地域別＊の電気が利用できる人の割合　　下位10か国（217の国・地域中
＊世界銀行の統計では国のほかに地域もふくまれる。

アイスランド
フィンランド
スウェーデン
ノルウェー
ロシア連邦
216位 チャド 10.88%
エストニア
ラトビア
デンマーク
リトアニア
イギリス
ロシア
アイルランド
ベラルーシ
ルクセンブルク
オランダ ドイツ ポーランド
ベルギー
スロバキア
カザフスタン
チェコ
ウクライナ
リヒテンシュタイン
オーストリア
モルドバ
スイス
ハンガリー
ルーマニア
アゼルバイジャン
フランス スロベニア
クロアチア
ウズベキスタン キルギス
モナコ
セルビア コソボ
ジョージア
ポ アンドラ サンマリノ
ブルガリア
トルクメニスタン タジキスタン
ル スペインバチカン イタリア
北マケドニア
ト アルバニア トルコ
アルメニア
ガ
ギリシャ
ル
マルタ
キプロス シリア
イラク
イラン アフガニスタン
モロッコ チュニジア モンテネグロ
レバノン
ヨルダン
クウェート
パキスタン
ネパール ブ
213位 ニジェール 20.04%
リビア
エジプト
バーレーン
アラブ
インド バング
アルジェリア
カタール
首長国連邦
ミ
モーリタニア
マリ
サハラ砂漠
サウジアラビア
オマーン
カーボベルデ
スーダン エリトリア イエメン
208位 南スーダン 25.3
セネガル
ガンビア
ブルキナファソ
ジブチ
スリランカ
ギニアビサウ ギニア
ガーナ ベナン ナイジェリア
ジ
コート
カメルーン
中央アフリカ
エチオピア
モルディブ
サントメ・
ジ
共和国
ボ
プリンシペ
ガボン コ
ルワンダ
ソマリア
赤道ギニア
和国
ケニア
セーシェル
タンザニア
211位 ウガンダ 22.00
212位 リベリア 21.49%
アンゴラ
モ
コモロ
ザンビア
ザ
モーリシャス
ジンバブエ
ン
209位 マダガスカル 24.0
ナミビア
ビ
ボツワナ
ク
エ
215位 マラウイ 12.70%
レソト
南アフリカ
スワティニ
共和国
214位 コンゴ民主共和国 19.09%
210位 シエラレオネ 23.40%
217位 ブルンジ 9.30%
中華
共

6

G'sくん →

電気をつかえる地域と
つかえない地域が
はっきりわかれているね。

カナダ

アメリカ合衆国

ノゴル

朝鮮民主主義
人民共和国

大韓民国　日本

ラオス
タイ
トナム

フィリピン

コンボジア

ブルネイ
シア

ンガポール

ドネシア

マーシャル諸島

ミクロネシア

ナウル

キリバス

パラオ

パプア
ニューギニア

ソロモン諸島

ツバル

東ティモール

バヌアツ

フィジー

サモア

ニウエ

トンガ

クック諸島

オーストラリア

ニュージーランド

メキシコ

ベリーズ　バハマ

キューバ

ハイチ

グアテマラ　ホンジュラス

エルサルバドル

ジャマイカ

ニカラグア

コスタリカ

パナマ

ドミニカ
共和国

セントクリストファー・ネービス
アンティグア・バーブーダ
ドミニカ
セントルシア
セントビンセント及び
グレナディーン諸島
バルバドス
グレナダ
トリニダード・トバゴ

ベネズエラ

スリナム

ガ
イ
ア
ナ

コロンビア

エクアドル

ペルー

ブラジル

ボリビア

パラグアイ

チリ

ウルグアイ

アルゼンチン

電気が利用できる
人の割合（2018年）

	95%
	90%−95%未満
	70%−90%未満
	50%−70%未満
	30%−50%未満
	30%未満
	データなし

出典：世界銀行

はじめに

　みなさんは、このシリーズのタイトル「SDGsのきほん」をどう読みますか？「エスディージーエスのきほん」ではありませんよ。「エスディージーズのきほん」です。

　SDGsは、英語のSUSTAINABLE DEVELOPMENT GOALsの略。意味は、「持続可能な開発目標」です。SDGがたくさん集まったことを示すためにうしろにsをつけて、SDGsとなっているのです。

　SDGsは、2015年9月に国連の加盟国が一致して決めたものです。17個のゴール（目標）と「ターゲット」という「具体的な目標」を169個決めました。

　最近、右のバッジをつけている人を世界のまちで見かけるようになりました。SDGsの目標の達成を願う人たちです。ところが、言葉は知っていても、「内容がよくわからない」、「SDGsの目標達成のために自分は何をしたらよいかわからない」などという人がとても多いといいます。

SDGsバッジ

　ということで、ぼくたちはこのシリーズ「SDGsのきほん」をつくりました。『入門』の巻で、SDGsがどのようにしてつくられたのか、どんな内容なのかなど、SDGsの基礎知識をていねいに見ていき、ほかの17巻で1巻1ゴール（目標）ずつくわしく学んでいきます。どの巻も「絵本で考えよう！SDGs」「世界地図で見る」からはじめ、うしろのほうに「わたしたちにできること」をのせました。また、資料もたくさん収録しました。

　さあ、このシリーズをよく読んで、みなさんも人類の一員として、SDGsの目標達成に向かっていきましょう。

稲葉茂勝

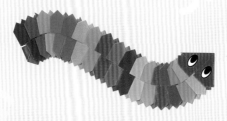

SDGがたくさん集まって、SDGsだよ。

もくじ

①「エネルギーをみんなに そしてクリーンに」とは?

SDGs目標7のテーマ*は、「エネルギーをみんなに そしてクリーンに」です。英語では、「AFFORDABLE AND CLEAN ENERGY」となっています。

目標7の英語の原文と日本語訳

SDGsの目標7は、英語と日本語でそれぞれつぎのように書かれています。

- Ensure access to affordable, reliable, sustainable and modern energy for all
- すべての人々の、安価かつ信頼できる持続可能な近代的エネルギーへのアクセスを確保する
  (all) (affordable) (reliable) (sustainable) (modern energy) (access) (ensure)

英語の access は、日本語でも「アクセス」と訳されています。「アクセス」は、本来「接近・接触」という意味です。いいかえれば、「アクセスを確保する」は、「接触を確保する」「利用できるようにする」ということです。

「SDGs って、よくわからない」などといわれていますが、その理由の１つは、このようなあまり聞きなれない言葉がつかわれているからかもしれません。

日本は世界で５番目に多くのエネルギーを消費している国（2019年）。送電設備が整っているので、ほとんどの地域に電気が送られるようになっている。

＊SDGsの各目標は、文章で書かれている。それに対し、ロゴマークの上に書かれた短い言葉がある。それを「テーマ」とよんでいる。

そもそも「エネルギー」とは？

「エネルギー」は、「元気のもと」という意味でつかわれますが、ここでいうエネルギーは、「仕事をする力」のことをさしています。すなわち、「モノを動かす力のもと」で、電気や熱などのことです。

電気をつくりだす方法

電気をつくるエネルギー資源の代表的なものは、化石燃料、原子力、水、風、太陽光です。

- 火力発電：石油・石炭・天然ガスなどの化石燃料を燃やして蒸気を発生させ、その蒸気で発電機をまわして電気をつくる。

- 原子力発電：ウランが核分裂するときに発生する熱を利用して蒸気をつくり、発電機をまわして電気をつくる。

- 水力発電：高いところから落ちる水の勢いで水車と発電機をまわして電気をつくる。

- 風力発電：自然の風で発電機をまわして電気をつくる。

- 太陽光発電：光があたると電気が起きるという太陽電池を利用して電気をつくる。

モノは、電気や熱などのエネルギーで動く。だから、それらには「仕事をする力」があると考えるんだね。こうしたエネルギーを生みだすために、エネルギー資源が必要だということだよ。

② 未電化の理由

電気がつかえない（未電化である）のは、
未開発地域だけに見られることではなく、
発電量が足りていない地域でも見られます。

紛争中の砲撃で破壊された送電設備。

開発途上国の地方では

　国全体にお金がない開発途上国では、地方に電気を通す予算がありません。しかも、高い山にかこまれていたり、大きな川や湖にさえぎられていたりする地域では、電気を送る工事（送電線工事）をするのに、都市部よりはるかにお金がかかります。

　開発がおくれて、電気を買うお金もない地域では、「電気を通す工事ができない」 →「電気がつかえない」→「開発がおくれる」といった、悪循環が起きています。

紛争地域では

　紛争が起こって、発電や送電の設備が破壊されたり、治安が悪くなったりしている地域では、電気を通すことができなくなります。かつての紛争のせいで、地雷がうまっていて送電線工事ができない地域もあります。

　紛争からのがれてきた人びとが避難している難民キャンプ（→p30）なども、未電化になっていることが多くあります。治安が悪いせいで、電気をひく工事ができないのです。

お金がないから未電化のまま。でも、未電化により、その地方は、取りのこされてしまうんだね。

紛争が続く南スーダン。都市の一部は電気が通っているが、多くの地域はいまだに未電化だ。

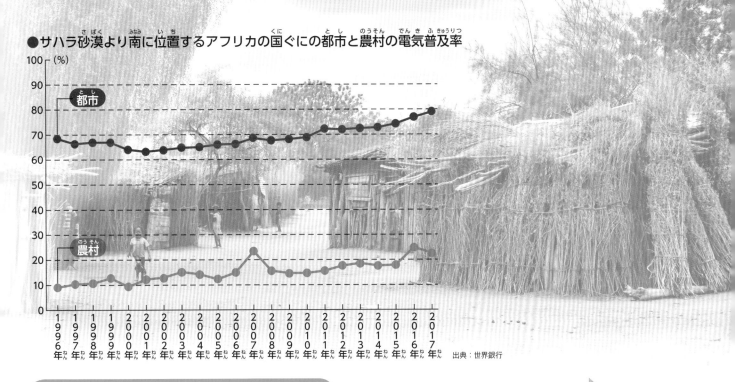

●サハラ砂漠より南に位置するアフリカの国ぐにの都市と農村の電気普及率

都市

農村

1996年 1997年 1998年 1999年 2000年 2001年 2002年 2003年 2004年 2005年 2006年 2007年 2008年 2009年 2010年 2011年 2012年 2013年 2014年 2015年 2016年 2017年

出典：世界銀行

発電量不足

開発途上国でも、首都をはじめとした都市部には電気がちゃんと通っています。でも、人口がどんどんふえてしまい、電気の量が足りなくなった都市が少なくありません。

発電量をふやすには、新たに発電所をつくらなければなりませんが、それには膨大なお金がかかります。

技術不足

発電方法（→p11）のなかで、風力発電、太陽光発電などは、石炭や石油などの燃料を必要としないため、比較的お金はかかりません。

もっとくわしく

教育問題

教育は子どもに対するものだけではない。社会のあらゆる分野の専門家を育てたり、また、その活動を実行する人を育成したりすることも教育の重要な役割である（→『教育』の巻）。だが、開発途上国では、さまざな分野の技術者や専門家を育成する教育が足りていない。技術不足の背景には、教育問題があるといわれている。

ところが、そうした発電設備をつくったり、維持・管理したりするための技術がないことから電気をつくることができない場合もあるのです。

③エネルギーの歴史

人類が手にした最初のエネルギー源は、木。
50万年前には、人びとは木を燃やしはじめ、
火で暖をとったり炊事をしたりしていました。

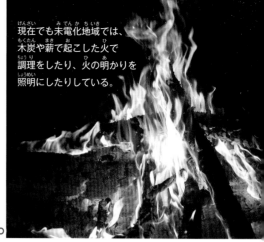

現在でも未電化地域では、木炭や薪で起こした火で調理をしたり、火の明かりを照明にしたりしている。

産業革命が大きな変化を

18世紀に入り産業革命（→p30）が起こると、石炭をエネルギー源とする蒸気機関が、工場や輸送機器（蒸気機関車など）の動力源として利用されるようになりました。これにより、世界のエネルギー消費量は急速に増加したのです。

エネルギーのつかいみちも急激に拡大し、社会の生産力が上昇。人びとは、便利で豊かな生活を送るようになります。

20世紀なかごろには、石炭よりもつかい勝手がよく、さまざまなつかいみちのある石油が主要なエネルギー源になりました。

その後、発電に利用できるエネルギー源の開発が進み、石油や石炭、天然ガスなどの化石燃料、原子力、風力や太陽光など、エネルギー源が多様化していきました。そして近年では「シェールガス」（→p30）とよばれる天然ガスが注目をあびています。

化石燃料とは？

「化石燃料」とは、石炭・石油・天然ガスなど、過去の植物や動物の死がいが変化してできた燃料のこと。薪や木炭が現在の植物から得られる燃料であるのに対し、長い年月をかけないとできないことから化石燃料という名前がつけられました。

現在、世界のエネルギー消費量は年ねんふえつづけ、それにともなって化石燃料が地球からどんどんなくなっています。

なお、水力や太陽光など、化石燃料をつかわないエネルギーは「自然エネルギー」とよばれ、また、原子の核分裂を利用して得られるエネルギーは、「核エネルギー」とよばれています。

近い将来に人類は化石燃料を掘りつくしてしまうと心配されているよ。

化石燃料ができるまで

ここでは、化石燃料ができるまでのようすを図解で紹介します。

■石炭

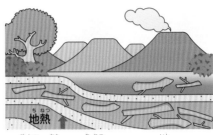

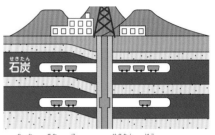

❶木や植物などがかれて、海や湖の底にたまる。

❷土砂の重みや地熱によって、石のようにかたい石炭となる。

❸地下に穴を掘って、石炭を運びだす。

■石油

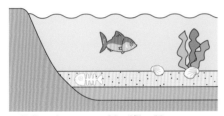

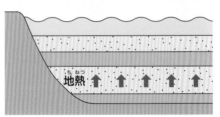

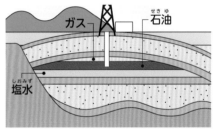

❶生物の死がいが、海や湖の底にたまる。

❷土砂の重みや地熱によって圧縮されて、ケロジェンとよばれる有機物になり、やがて液状の石油になる。

❸圧力によりガス・塩水とともに石油が地表に向かってしぼりだされ、すきまの多い地層にたまる。

■天然ガス

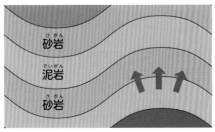

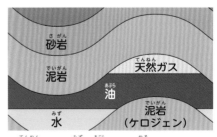

❶生物の死がいが長い年月をかけて泥とともに海底にたまる。

❷泥は圧縮されて泥岩になり、ケロジェンとよばれる有機物となって地熱に分解され、天然ガスができる。

❸天然ガスは水や油よりも軽いので、すきまの多い岩石のなかを上昇し、さかさにしたおわんのような地層の下にたまる。

化石燃料の

現在、世界のエネルギー消費量は年ねんふえつづけています。
国際エネルギー機関（IEA）(→p6) によれば、2040年の世界のエネルギー消費量は、
2014年とくらべて、およそ1.3倍に増加すると予想されています。

化石燃料をいつまで
つかいつづけられるのか

石油や石炭、天然ガスといった化石燃料は、あとどのくらい利用することができるのでしょうか。

❶のグラフは、エネルギー資源の可採年数と確認埋蔵量を示したもの。可採年数というのは、現時点の採掘可能な埋蔵量を年間の生産量でわった数字で、「このままつかいつづけるとあと何年採掘できるか」を示しています。石炭と原子力発電の燃料となるウランは100年程度、石油、天然ガスは50年ほどしかありません。

今後、新たな油田や鉱山の発見や技術革新によってこの数字がかわっていく可能性はありますが、石油・石炭・天然ガスがいずれなくなってしまうのは、まちがいないことです。

なお、❷のグラフは、地域別のエネルギー消費量の推移をあらわしています。

❶エネルギー資源の可採年数と確認埋蔵量

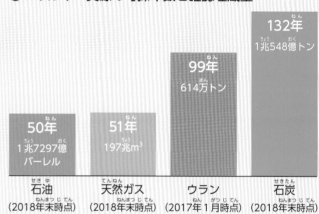

資料：BP「Statistical Review of World Energy 2019」、
OECD／NEA-IAEA「Uranium 2018」

❷世界のエネルギー消費量の推移

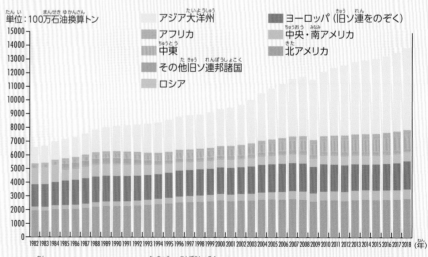

※1984年までのロシアには、その他旧ソ連邦諸国をふくむ。

出典：BP「Statistical Review of World Energy 2019」

16

深刻な問題

エネルギー資源のある国・ない国

エネルギー資源をどうやって確保し、不足させることなく電気をつくるかは、いま、世界が直面する重大な課題となっています。

世界には、エネルギー資源をもつ国もあれば、外国からの輸入に頼っている国もあります。豊富な水資源をもつカナダでは、水力発電が6割近くをしめ、石炭や天然ガスなどの化石燃料が多くとれるアメリカや中国では、火力発電が6〜7割をしめています。また、エネルギー自給率を高める基本政策を打ちだしたフランスは、積極的に原子力開発を進めた結果、2017年時点で、約7割が原子力発電となっています。

化石燃料のほとんどを輸入している日本は、ダムが多いことなどから、水力発電がさかんなように思われています。でも、その実態は、下のグラフの通りなのです。なかでも、天然ガスと石油の割合が多いことに、おどろく人が多いのではないでしょうか。

●主要国の電源別発電電力量の構成比（2017年）

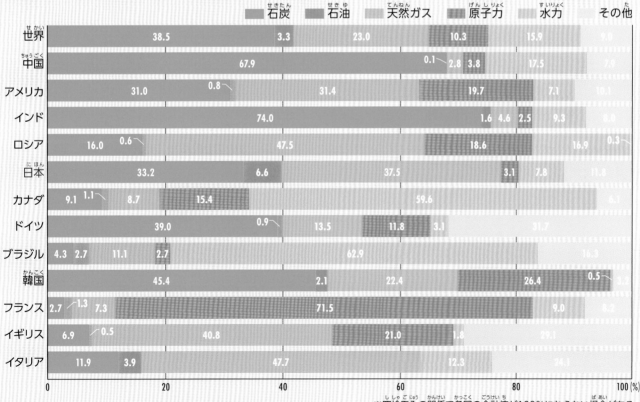

	石炭	石油	天然ガス	原子力	水力	その他
世界	38.5	3.3	23.0	10.3	15.9	9.0
中国	67.9	0.1	2.8	3.8	17.5	7.9
アメリカ	31.0	0.8	31.4	19.7	7.1	10.1
インド	74.0	1.6	4.6	2.5	9.3	8.0
ロシア	16.0	0.6	47.5	18.6	16.9	0.3
日本	33.2	6.6	37.5	3.1	7.8	11.8
カナダ	9.1	1.1	8.7	15.4	59.6	6.1
ドイツ	39.0	0.9	13.5	11.8	3.1	31.7
ブラジル	4.3	2.7	11.1	2.7	62.9	16.3
韓国	45.4	2.1	22.4	26.4	0.5	3.2
フランス	2.7	1.3	7.3	71.5	9.0	8.2
イギリス	6.9	0.5	40.8	21.0	1.8	29.1
イタリア	11.9	3.9	47.7		12.3	24.1

※四捨五入の関係で各国の合計値が100％にならない場合がある。

出典：IEA「World Energy Balances 2019」

17

照明がなく暗いなか、薪でおこした火で調理をする
アフリカ・エチオピアの農村の女性。

④電気がつかえない ことによる問題

世界では現在、約8.6億人の人びとが
電気のない生活をしています。薪を燃やして
食事をつくったり、寒さをしのいだりしています。

身近な生活の問題

　開発途上国では、いまだに多くの人びとが電気をつかうことができません。明かりがなければ、夜は寝るほかありません。勉強も仕事もできません。極端にいえば、何もできないのです。そのため、さまざまな「おくれ」が生じています。教育がおくれ、経済活動もおくれます。電気が通っていない地域は、いつまでも発展しないままです。貧困状態からぬけだせません。

　開発途上国では、電気がある都市部と電気がない農村部とのあいだにさまざまな格差が生じ、しかも、どんどん広がっています。

　すると、貧しい農村の人たちは、都市に出て働こうとします。

　都市の人口がふえると、都市の電気が足りなくなります。電気が不足すると、電気代が高く

なります。ますます、貧困な農村部は、電気をつかえるようにならないのです。

健康と医療の問題も

電気がない農村部では、薪や炭を燃やして食事をつくり、暖をとります。換気扇はありません。これでは、健康によくありません。

電気がなければ、できる医療もかぎられます。とうぜん人の寿命は短くなります。都市部と農村部との格差は、この点にもあらわれています。

電気がつかえなければ、
「すべての人に健康と福祉を」という
SDGs目標３も達成することが
できないんだね。

夜の地球のようす。明るいのはほぼ先進国で、開発途上国は暗く、通電率の差がはっきりとわかる。

地球規模の問題

石油や石炭、天然ガスなどの化石燃料を燃やすと、「温室効果ガス」が排出されます。近年、それにより、地球がどんどんあたたまっていることがわかってきました（地球温暖化）。先進国は、産業革命（→p30）以降、温室効果ガスを排出しながら発展してきたのです。そして現在は、新興国が同じようにして経済発展を急いでいます。さらに、今後、開発途上国も……。

このように人類はいまでも化石燃料に依存し、温室効果ガスの排出をどんどん増加させています。この結果、地球の気候がこれまで以上に大きく変化することが予想されています。

地球温暖化がとまらないよ。
そのために、SDGsのなかに
「気候変動に具体的な対策を」（目標13）が
つくられたんだ。でも、新興国や開発途上国が
どんどん化石燃料を燃やして電気をつくれば、
気候変動がさらに
はげしくなってしまうよ。

動植物などから生まれた生物資源を燃料とするバイオマス発電でつくる電気は、再生可能エネルギーの1つ。

⑤再生可能エネルギーの必要性

エネルギー不足や化石燃料などの利用から生じる問題を解決するには、再生可能エネルギーの利用をふやすこと、そして、つくったエネルギーをより効率的につかうことが重要です。

ここで「再生可能エネルギー」「自然エネルギー」「クリーンエネルギー」という言葉を確認しておこうね。

再生可能エネルギーとは

「再生可能エネルギー」とは、太陽光や風力など、自然界に常に存在する資源からつくられるエネルギーのことです。「自然エネルギー」とよぶこともあります。ただし、この２つには、つかいかたに多少のちがいがあります。

・再生可能エネルギー：消費しても常に補われるエネルギーをまとめていうよび名。太陽光や風力など自然エネルギーのほかに、「バイオマスエネルギー」や「温度差・濃度差エネルギー」など、別の再利用できる資源をつかって生みだされるものもふくまれる。

・自然エネルギー：再生可能エネルギーのうち、自然現象から得られるエネルギー。主に太陽光、風力、地熱。なお、ダムではなく河川の流れを利用した水力もふくむことがある。

また、再生可能エネルギー、自然エネルギーと似た言葉として、「クリーン（きれいな）エネルギー」もつかわれています。これは、環境を汚染する物質、たとえば窒素酸化物（NOx）や二酸化炭素（CO_2）などを排出しない、あるいは排出したとしても問題にならない程度に少ないエネルギーをさします。

再生可能エネルギーのとくちょう

再生可能エネルギーの大きなとくちょうとして、資源が枯渇しない（なくならない）、資源がどこにでも存在する、二酸化炭素を増加させない、という3つがあげられます。

このため、再生可能エネルギーに対する期待がますます高まっています。

開発途上国では

開発途上国では、地域ごとに太陽光などでの発電システムをつくる必要があります。なぜなら、遠くから送電すると、電気の値段が高くなるからです。つくった電気をつかうのにお金がかかるようでは、なんの解決にもなりません。お金をかけずに再生可能なエネルギー資源をつかって発電することが求められています。

先進国では

「エネルギーをみんなに　そしてクリーンに」の「みんな」とは、先進国にくらす人もふくまれています。つまり、この目標は、先進国でも必要であることを示しています。

近年、世界中で、化石燃料による発電をやめて、再生可能エネルギーにかえていこうという動きが活発になっています。2018年には、再生可能エネルギーの発電量が、世界の総発電量の28％をしめるようになりました。

（出典：IEA PVPS 報告書）

SDGsは、全人類の目標だということだね。

●再生可能なエネルギー資源をつかった発電方法

発電方法	利点	課題
太陽光発電：太陽の光を、太陽電池によって電気にかえる。	さまざまな場所に設置できる。屋根や壁などのスペースを利用できる。	天気が悪いと発電ができない。太陽電池の価格が高い。
風力発電：風で風車をまわして、その回転を発電機に伝え電気を起こす。	風がふいていれば、昼夜問わず発電できる。	風車が大型で、コストがかかり設置する場所がかぎられる。風がないと発電できない。
地熱発電：火山活動などによって生じる「地熱」を利用して発電する。	火山のあるところでは、昼夜を問わず発電できる。	火山がある場所には温泉や公園が多く、発電施設をつくりにくい。
バイオマス発電：動物や植物による「生物資源」を燃やして発電する。	家畜の糞や生ごみなどの廃棄物を利用できる。	生物資源を集めるために運送費や手間がかかる。発電効率がよくない。

⑥ わたしたちにできること

目標7の達成のためには、国際機関や先進国が、開発途上国に
お金や技術を支援していかなければなりません。
でも、エネルギー問題では、わたしたちにできることが
身近にたくさんあります。

理解する・考える・話しあう

SDGs目標7には、世界中がこれからのエネルギーとして再生可能エネルギーを取りいれることが記されています。でも、再生可能エネルギーがどんなものかをちゃんと理解していなければ、目標達成のためにわたしたちがどうすればよいかがわかりません。

そこで、なぜ再生可能エネルギーが必要なのか、この本の20、21ページで見てきたようなことをしっかり学習し、未来のエネルギーについて考え、みんなで話しあうことが必要です。それが、わたしたちにできることの第一歩です。

外国に学ぶ

現在、再生可能エネルギーの発電量が多いのは、中国とアメリカです（→p27）。とくに中国は、ほかの国とくらべて、ずばぬけて多くなっています。また、国全体の発電量のうち再生可能エネルギーの割合が高いのは、デンマークやドイツなどです。

一方、日本は世界第5位のエネルギー消費国ですが、エネルギー資源の大半を海外からの輸入にたよっています*。このように世界の状況を知ることは、これからの日本のエネルギーのありかたを考えるのに役立ちます。

＊日本のエネルギー自給率（→p30）はわずか9.6％（2017年）。

エネルギーについて
知れば知るほど、
わたしたちにできること
が見えてくるね。

エネルギーの節約

SDGsでは、世界がかかえるエネルギー問題の解決策の１つとして、エネルギー効率（→p30）をあげること（省エネルギー）をあげました。そのためには、わたしたち一人ひとりがエネルギー問題に関心をもち、身近なところで行動に移すことが必要です。

電気の節約

電気の消費を少なくするには、つぎのことに注意しなければなりません。

- 早寝早起きをこころがける。
- できるだけ照明をつかわない。
- 冷暖房を強くしすぎない。
- 冷蔵庫のドアの開閉を少なくする。
- 洗濯物は日光でかわかし、できるだけ乾燥機をつかわない。

ごみの削減

必要のない物を買わないことがごみをへらすことにつながり、省エネルギーになります。また、ごみの焼却で排出される二酸化炭素をへらすことにもつながります。

- 食べ物を残さない。
- 物を大切につかい長持ちさせる。
- 過剰な包装をしない。
- リサイクルを積極的におこなう。

燃料の節約

自動車につかう燃料の消費を少なくするためには、つぎのことをこころがけなければなりません。

- 電車やバスなど公共交通機関をつかう。
- 自動車のエアコンを必要以上につかわない。
- 低公害車を積極的に利用する。
- 自動車を急に発進したり、必要以上にスピードを出したりしない。

環境に配慮した製品をつかう

環境に配慮した製品を選んでつかうことも、エネルギーの節約や環境を守ることにつながります。 そうした製品には、紙であればFSC＊マークなど、人や地球に配慮しているというマークがつけられています。

FSCマーク

エコマーク

MSCマーク

＊FSCは責任ある森林管理から生産される木材とその製品にあたえられるマーク。

⑦ だからSDGs目標7

2015年、世界の国ぐには、「エネルギーをみんなに そしてクリーンに」の達成を誓いあいました。
ここでは、SDGsにその目標がある理由を見てみましょう。

電気が利用できるようになれば

それまで電気が通っていなかった地域で、電気がつかえるようになれば、その地域にくらす人びとの生活水準が向上するのはいうまでもありません。地域に工場などができて、産業が生まれます。産業が生まれれば、地域の人びとが

働いて賃金を得ることができるようになります。そうすれば、貧困の解消にもつながります。

また、化石燃料を燃やしてエネルギーをつくってきた先進国がクリーンエネルギーにかえていけば、二酸化炭素の排出量がへって地球温暖化にブレーキをかけることができます。これらがSDGs目標7の背景だといわれています。

近年、屋根に太陽光発電のためのソーラーパネルを設置している施設や一般家庭が多く見られるようになった。これも自らはじめられるSDGsの取りくみの1つといえる。

くもの巣チャートで考えよう！

SDGsのとくちょうの1つとして、17個のうちどれかの目標を達成しようとすると、
ほかの目標も同時に達成していかなければならないということがあります。
ここでは目標7と強く関係するほかの目標との関連性を見てみます。

SDGsの目標は
複雑にからみあって
いるんだよ。

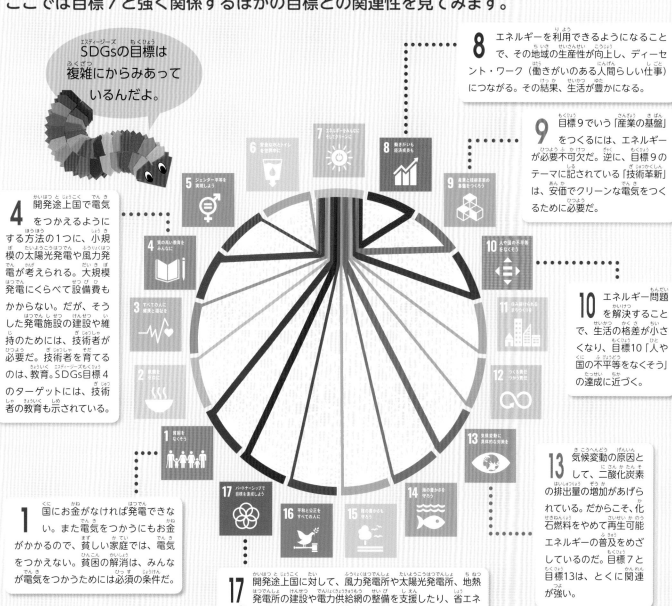

8 エネルギーを利用できるようになることで、その地域の生産性が向上し、ディーセント・ワーク（働きがいのある人間らしい仕事）につながる。その結果、生活が豊かになる。

9 目標9でいう「産業の基盤」をつくるには、エネルギーが必要不可欠だ。逆に、目標9のテーマに記されている「技術革新」は、安価でクリーンな電気をつくるために必要だ。

10 エネルギー問題を解決することで、生活の格差が小さくなり、目標10「人や国の不平等をなくそう」の達成に近づく。

13 気候変動の原因として、二酸化炭素の排出量の増加があげられている。だからこそ、化石燃料をやめて再生可能エネルギーの普及をめざしているのだ。目標7と目標13は、とくに関連が強い。

4 開発途上国で電気をつかえるようにする方法の1つに、小規模の太陽光発電や風力発電が考えられる。大規模発電にくらべて設備費もかからない。だが、そうした発電施設の建設や維持のためには、技術者が必要だ。技術者を育てるのは、教育。SDGs目標4のターゲットには、技術者の教育も示されている。

1 国にお金がなければ発電できない。また電気をつかうにもお金がかかるので、貧しい家庭では、電気をつかえない。貧困の解消は、みんなが電気をつかうためには必須の条件だ。

17 開発途上国に対して、風力発電所や太陽光発電所、地熱発電所の建設や電力供給網の整備を支援したり、省エネの技術を広めたりといった国際協力が進められている。

25

目標7のターゲットの子ども訳

SDGsの全169個のターゲット*1は、もともと英語で書かれていました。それを外務省が日本語にしたのが、下の　　のもの。むずかしい言葉が多いので、このシリーズでは、ポイントをしぼって「子ども訳」をつくりました。

7.1　安くて安定した電気をすべての人びとが利用できるようにする。

7.2　再生可能エネルギーの割合を大幅に増やす。

再生可能エネルギーの割合を増やすことは、先進国だけでなく、開発途上国にも求められている。

7.3　省エネルギーを大きく進める。

経済活動をより少ないエネルギーでおこなうことが重要だ。

7.a　エネルギー問題を解決するために、国際協力に力を入れ、技術開発を支援する。

7.b　開発途上国、後発開発途上国*2の人に持続可能なエネルギーサービスを提供できるようにする。

目標7のターゲット（外務省仮訳）

7.1　2030年までに、安価かつ信頼できる現代的エネルギーサービスへの普遍的アクセスを確保する。

7.2　2030年までに、世界のエネルギーミックス（→p30）における再生可能エネルギーの割合を大幅に拡大させる。

7.3　2030年までに、世界全体のエネルギー効率の改善率を倍増させる。

7.a　2030年までに、再生可能エネルギー、エネルギー効率及び先進的かつ環境負荷の低い化石燃料技術などのクリーンエネルギーの研究及び技術へのアクセスを促進するための国際協力を強化し、エネルギー関連インフラとクリーンエネルギー技術への投資を促進する。

7.b　2030年までに、各々の支援プログラムに沿って開発途上国、特に後発開発途上国及び小島嶼開発途上国、内陸開発途上国の全ての人々に現代的で持続可能なエネルギーサービスを供給できるよう、インフラ拡大と技術向上を行う。

---

*1 SDGsでは17の目標それぞれに「ターゲット」とよばれる「具体的な目標」を決めている。
*2 国連によって認定された、開発途上国のなかでもとくに開発のおくれた国ぐに。アフリカの国ぐになどを中心に47か国が認定されている（2018年）。

SDGs関連資料①

SDGs目標7の達成のカギをにぎる再生可能エネルギーのうち、
太陽光発電と風力発電の普及度合いについて、各国のランキングを紹介します。

●太陽光発電システムの導入

現在、世界全体で約510GW*の太陽光発電システムが導入されています（2018年時点）。第1位は、世界の3割をしめる中国。また、上位10か国で世界の9割近くをしめています。

●太陽光発電システム累積導入量上位10か国（2018年）

順位	国名	累積導入量
1	中国	176.1GW
2	アメリカ	62.2GW
3	日本	56.0GW
4	ドイツ	45.4GW
5	インド	32.9GW
6	イタリア	20.1GW
7	イギリス	13.0GW
8	オーストラリア	11.3GW
9	フランス	9.0GW
10	韓国	7.9GW

出典：IEA PVPS「世界の太陽光発電市場の導入量速報値に関する報告書（第7版、2019年4月発行）」

＊発電の出力を示す単位。1GW＝100万kW

●風力発電先進国と日本

2018年の世界の風力発電システム導入量は約568.4GWで、世界第1位の国は、中国。台風や落雷が多いため設置に適した土地が少ない日本は、19位となっています。

●風力発電システム累積導入量上位10か国と日本（2018年）

順位	国名	累積導入量
1	中国	211.4GW
2	アメリカ	96.8GW
3	ドイツ	59.3GW
4	インド	35.1GW
5	スペイン	23.5GW
6	イギリス	21.0GW
7	フランス	15.3GW
8	ブラジル	14.7GW
9	カナダ	12.8GW
10	イタリア	10.0GW
19	日本	3.7GW

出典：GWEC「Global Wind Report 2018」

中国の上海にある太陽光発電所。海の上で発電をおこなっている。

アメリカでは風力発電の設備導入が進んでいる。

SDGs関連資料②

日本は、これまで培ってきた技術をもとに、開発途上国に対し、太陽光、風力、地熱などさまざまな再生可能エネルギーの導入に向けた支援をおこなってきました。
ここでは、日本の政府開発援助をになうJICAがかかわったプロジェクトを見ていきます。

●世界に広がる日本の再生可能エネルギー技術

ハルガダ太陽光発電事業

太陽光 エジプトでは、火力発電の燃料不足などが原因で電力不足が続いていた。JICAは、2016年、新たに20MW*の太陽光発電所などの建設を支援した。

*MW=1000kW

小規模水力発電機敷設計画

小水力 ブータンは山岳地帯が多く、送電網の建設が技術的に困難な地域だ。そこでJICAは、1980年代から小規模水力発電機の建設支援をすることで電気をつかえるようにしてきた。

> 資金や技術がないために再生可能エネルギーが導入できない国が、日本の支援を求めているんだよ。

エジプト

ブータン

エチオピア

風力 風力発電システム整備計画

小水力 地方小水力発電所復旧計画 **ペルー**

太平洋の島じま

トンガ

ボリビア

抗口地熱発電計画
アルトランガノ地熱発電事業

地熱 エチオピアは電力のほとんどを水力発電でまかなっており、電力供給が不安定なため、JICAは2016〜2019年、地熱発電所の建設支援をしてきた。

ハイブリッド・アイランド・プログラム

ディーゼル発電に依存している太平洋の島じまは、化石燃料の輸入が負担になっていたため、JICAは、2015年からディーゼル発電の効率化と再生可能エネルギーの導入を支援している。

ラグラ・コロラダ地熱発電所

地熱 ボリビア南西部には大規模な発電施設がなかった。そこでJICAは、2014年から地熱発電所の建設支援をすることで、経済発展に寄与してきた。

原子力発電は、窒素酸化物 (NOx) や二酸化炭素 (CO_2) を排出しない発電方法です。
つまり、核エネルギーはクリーンエネルギーの１つと考えることができます。
でも、本当にそうなのでしょうか？

●原子力発電はクリーンか？

　原子力発電はたしかに地球温暖化をひきおこす二酸化炭素などを出しません。しかし一方で、非常に危険な「使用済み核燃料」が残ってしまいます。だからクリーンエネルギーとはいえないと考える人も多くいます。

　人類はこれまでに深刻な原子力発電所の事故を何度も経験してきました。このため、2011年におきた福島第一原子力発電所の事故のあと、原子力発電をおこなわないようにすると表明した国も出てきました。今後、原子力発電をおこなうためには、安全性を確保できるかどうかが重要になっていきます。

●世界の主な原発事故と国際原子力事象評価尺度[*1]

1957年	旧ソ連[*2]・キシュテム核燃料再処理工場事故(レベル6)
1961年	アメリカ・国立原子炉試験場の事故(レベル4)
1977年	チェコスロバキア・ボフニチェA1原発事故(レベル4)
1979年	アメリカ・スリーマイル島原発事故(レベル5)
1986年	旧ソ連・チェルノブイリ原発事故(レベル7)
1993年	ロシア・トムスク再処理施設の爆発事故(レベル4)
1999年	日本・東海村JCO臨界事故 (レベル4)
2004年	日本・美浜原子力発電所事故(レベル4)
2008年	ベルギー・国立放射性物質研究所の事故(レベル4)
2011年	日本・福島第一原発事故(レベル7)

[*1] 国際原子力機構（IAEA）が定めている世界共通の尺度。レベルが高いほど放射線の影響が大きいことをあらわす。最大レベル7。
[*2] ソビエト社会主義共和国連邦。1991年に崩壊し、ロシア連邦となった。

事故後の福島第一原子力発電所を調査する国際原子力機構の調査団。

SDGs関連用語解説

エネルギー効率 ・・・・・・・・・・・・・・・・・・・・・・・・・・ 23

省エネルギーをはかる指標としてもつかわれることがある。SDGsでは、国内総生産（GDP）あたりのエネルギー消費量を指標にしている。日本は、石油の輸入が危ぶまれた「石油危機」をきっかけに、省エネ法（エネルギーの使用の合理化に関する法律）を制定した。現在、日本のエネルギー効率はOECDのなかでも高い水準にある。

エネルギー自給率 ・・・・・・・・・・・・・・・・・・・・・・ 22

石油・石炭・天然ガスなどの化石燃料、原子力の燃料であるウラン、水力・太陽光・地熱などの自然エネルギーなどの1次エネルギー（自然から得られる加工されていないエネルギー）を、自国内で確保できる比率のこと。天然資源に乏しい日本のエネルギー自給率は9.6％（2017年）で、ほかのOECD諸国などとくらべると低い水準になっている。エネルギー自給率が低いと資源をほかの国から輸入しなければならないので、国際情勢の影響などを受けるとエネルギーを安定して確保することがむずかしくなってしまうことがある。

エネルギーミックス ・・・・・・・・・・・・・・・・・・・ 26

多種多様な発電方法の組みあわせのこと。エネルギーの安定供給、環境保全、コストなど、さまざまな視点からそれぞれの国でちがう組みあわせが採用されている。

核エネルギー ・・・・・・・・・・・・・・・・・・・・ 14、29

原子核反応によって放出されるエネルギーのこと。正確には「原子核エネルギー」。原子核反応を用いておこなわれる原子力発電の平均的な発電量は、火力発電一基が約40万kwであるのに対し、約80万〜120万kw。燃料となるのは、鉱物のウランで、石油や石炭とくらべて手に入れやすく、量も少なくてすむ。エネルギー資源が乏しい日本にとって核エネルギーはエネルギーを確保するための切り札として期待されていたが、2011年の福島第一原発事故のあと、「原発を動かせ

ば、また重大な事故が起こってしまうのではないか」といった安全面を懸念する声が生じた。

産業革命 ・・・・・・・・・・・・・・・・・・・・・・・・ 14、19

18世紀後半から19世紀前半にかけておこった機械化などの技術革新や、それにともなう産業や社会構造の変化をさす。イギリスからはじまり、その後、ほかのヨーロッパの国ぐにや日本へと広まり、各国の経済発展や技術の向上が進んだ。石炭をエネルギー源とする蒸気機関が工場や列車などにつかわれ、急速にエネルギーの消費量が増加した。20世紀なかごろからは、よりつかい勝手のよい石油が主なエネルギー源としてつかわれるようになった。

シェールガス ・・・・・・・・・・・・・・・・・・・・・・・・・・ 14

大昔の海にいたプランクトンや藻が頁岩層（シェール層）にたまり、数千万、数億という長い時間をかけてガスに変化したもの。天然ガスの一種。2006年以降、アメリカを中心に安価に採掘できる技術が確立し、新たなエネルギー源として利用されている。これにより、アメリカのエネルギー自給率は大きくあがった。しかし、採掘時の環境への負担や、地震を誘発する可能性から課題も残る。

難民キャンプ ・・・・・・・・・・・・・・・・・・・・・・・・・・ 12

紛争や迫害によって難民が発生した場合、難民受けいれ国の要請によって支援団体が滞在施設や物資、医療などを援助し難民の安全を保障する場所。しかし資金不足などの理由からじゅうぶんな電気もなく、難民の子どもたちにじゅうぶんな教育の機会があたえられていない場所が多いといわれる。

※数字は、関連用語がのっているページを示しています。

さくいん

■著
稲葉茂勝（いなばしげかつ）
1953年東京生まれ。東京外国語大学卒。編集者としてこれまでに1350冊以上の著作物を担当。著書は80冊以上。近年子どもジャーナリスト（Journalist for Children）として活動。2019年にNPO法人子ども大学くにたちを設立し、同理事長に就任して以来「SDGs子ども大学運動」を展開している。

■監修
渡邉　優（わたなべまさる）
1956年東京生まれ。東京大学卒業後、外務省に入省。大臣官房審議官、キューバ大使などを歴任。退職後、知見をいかして国際関係論の学者兼文筆業へ。『ゴルゴ13』の脚本協力も手がける。著書に『知られざるキューバ』（ベレ出版）、『グアンタナモ　アメリカ・キューバ関係にささった棘』（彩流社）などがある。外務省時代の経験・知識により「SDGs子ども大学運動」の支柱の１人として活躍。日本国際問題研究所客員研究員、防衛大学校教授、国連英検特A級面接官なども務める。

■表紙絵
黒田征太郎（くろだせいたろう）
ニューヨークから世界へ発信していたイラストレーターだったが、2008年に帰国。大阪と門司港をダブル拠点として、創作活動を続けている。著書は多数。2019年には、本書著者の稲葉茂勝とのコラボで、手塚治虫の「鉄腕アトム」のオマージュ『18歳のアトム』を発表し、話題となった。

■絵本
文：きむらゆういち
東京都生まれ。多摩美術大学卒業。造形教育の指導、テレビ幼児番組のアイデア・ブレーンなどを経て、絵本・童話作家となる。絵本に「あかちゃんのあそびえほん」シリーズ（偕成社）、『どうする どうする あなのなか』（高畠純絵／福音館書店）など多数。童話『あらしのよるに』（あべ弘士絵／講談社）では講談社出版文化賞受賞をはじめとして受賞多数。2007年より絵本教室「ゆうゆう絵本講座」を主宰し、数多くの生徒を輩出。現在も顧問をつとめる（2020年現在）。

絵：さとうのぶこ
東京都出身。多摩美術大学卒業。グラフィックデザイン事務所勤務後フリーのデザイナーに。「ゆうゆう絵本講座」との出会いから絵本作家を目指す。デザイン以外の商業出版作品では本作がはじめて。

■編さん
こどもくらぶ
編集プロダクションとして、主に児童書の企画・編集・制作をおこなう。全国の学校図書館・公共図書館に多数の作品が所蔵されている。

■編集
津久井　惠（つくいけい）
40数年間、児童書の編集に携わる。現在フリー編集者。日本児童文学者協会、日本児童文芸家協会、季節風会員。

■G'sくん開発
稲葉茂勝
（制作・子ども大学くにたち事務局）

■地図
周地社

■装丁・デザイン
矢野瑛子・佐藤道弘

■DTP
こどもくらぶ

■イラスト協力（p26）
ウノ・カマキリ

■写真協力
p11：Blue flash / PIXTA（ピクスタ）
p11：Eigenes Werk
p11：Rehman
p12：©Oleksandr Ilin - Dreamstime.com
p12：antheap
p13：Rod Waddington
p14：Steven Miller
p18：©Sjors737｜Dreamstime.com
p18：NASA Earth Observatory images by Joshua Stevens, using Suomi NPP VIIRS data from Miguel Román, NASA's Goddard Space Flight Center
p20：AnnaMoskvina / PIXTA（ピクスタ）
p22：JackF / PIXTA（ピクスタ）
p23：Pâmela Soares
p27：©Ipadimages｜Dreamstime.com
p27：©Steve Allen｜Dreamstime.com

SDGsのきほん　未来のための17の目標⑧ エネルギー 目標7　　　　N.D.C.501

2020年10月　　第１刷発行　　2023年1月　　第４刷

著　　　　稲葉茂勝
発行者　　千葉　均　　編集　堀創志郎・原田哲郎
発行所　　株式会社ポプラ社
　　　　　〒102-8519　東京都千代田区麹町4-2-6
　　　　　ホームページ　www.poplar.co.jp
印刷・製本　図書印刷株式会社

Printed in Japan
©Shigekatsu INABA 2020

31p 24cm
ISBN978-4-591-16740-3

絵本作家からのメッセージ

ボクは昔学校で国語、算数、理科、社会を学んだとき、それぞれ別の学習だと思っていた。

ところが大学生になったとき、それらが全部つながっていると気がついた。

ということは友だちとおしゃべりしたり、ゲームをしたり、コンビニにいったりすることと政治と経済、自然と科学などもぜーんぶつながっているということなのだと思う。

地球上に生きている以上、われわれは地球という箱舟にのっている。この舟が沈没したら終わり。よりよい舟にするためには一人ひとりそれなりの努力が必要ということだ。

400万年の人類の歴史のなかで、このわずか50年で25億人が77億人にふえているという。舟はすでに満杯状態。

いま、コロナで世界中が1つになって自分のこととしてとらえているが、本当はコロナだけじゃない。オゾン層も大量消費もプラゴミも環境破壊も全部、ギリギリのところにきている。そしてこの問題はその状態で日々環境破壊などが続いているすべての日常につながっている。そこでこのSDGsだ。

沈没寸前の舟を救う切り札になるようボクも出来るところからはじめている。

きむらゆういち

SDGsのきほん 未来のための17の目標

全18巻

- SDGsってなに？ 入門
- 貧困 目標1
- 飢餓 目標2
- 健康と福祉 目標3
- 教育 目標4
- ジェンダー 目標5
- 水とトイレ 目標6
- エネルギー 目標7
- 労働と経済 目標8
- インフラ 目標9
- 不平等 目標10
- まちづくり 目標11
- 生産と消費 目標12
- 気候変動 目標13
- 海の豊かさ 目標14
- 陸の豊かさ 目標15
- 平和と公正 目標16
- パートナーシップ 目標17

G'sくんのつくりかた

G'sくんは ぼくだよ。 写真

パーツⒶⒷは同じ色の折り紙でつくるよ。

ⒶⒷの順につくってから合体してね。

Ⓐ エイ　Ⓑ ビー

パーツⒶのつくりかた

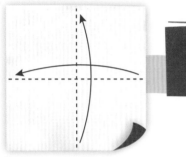

2回折って、4分の1にする。

すべて開く。

中心に向けて折る。

まん中であわせる

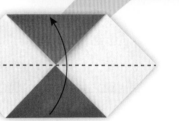

山折り　　谷折り

半分に折る。

半分に折る。

まん中であわせる

パーツⒷのつくりかた

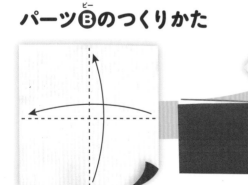

2回折って、4分の1にする。

すべて開く。

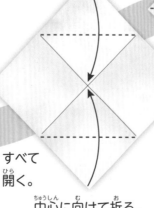

中心に向けて折る。

谷折り　　山折り